BEI GRIN MACHT SICH IHR WISSEN BEZAHLT

- Wir veröffentlichen Ihre Hausarbeit,
  Bachelor- und Masterarbeit

- Ihr eigenes eBook und Buch -
  weltweit in allen wichtigen Shops

- Verdienen Sie an jedem Verkauf

Jetzt bei www.GRIN.com hochladen
und kostenlos publizieren

Sebastian Löfgen

Apple - Ein Global Player

Geschichte, Merkmalanalyse und Fazit

GRIN Verlag

Bibliografische Information der Deutschen Nationalbibliothek:

Die Deutsche Bibliothek verzeichnet diese Publikation in der Deutschen National-
bibliografie; detaillierte bibliografische Daten sind im Internet über http://dnb.d-
nb.de/ abrufbar.

Impressum:

Copyright © 2012 GRIN Verlag GmbH
Druck und Bindung: Books on Demand GmbH, Norderstedt Germany
ISBN: 978-3-656-37358-2

Apple - Ein Global Player

1 Geschichte

Die Geschichte von „Apple" könnte erstaunlicher kaum sein. Stand das Unternehmen Ende der 90er Jahre noch vor dem wirtschaftlichen Abgrund, wurde es 2012 zur wertvollsten Marke[1] und zum wertvollsten Unternehmen der Welt.[2] Sucht man nach einem Grund für diesen Aufschwung, kommt man um einen Namen nicht herum: Steve Jobs. Erst als er 1997 zum Unternehmen zurückkehrte, kam der Erfolg zurück und Apple wuchs unaufhaltsam.[3]

Apple wird 1976 von Steve Jobs, Steve Wozniak und Ronald Wayne gegründet. Als Startkapital dienen Erlöse aus dem Verkauf Jobs' VW-Bulli und eines Taschenrechners Wozniaks, zusammen 1750 US-Dollar. Noch im selben Jahr entwickeln Jobs und Wozniak den „Apple I", der zum Preis von 666,66 $ einige hundert Male verkauft wird. Wayne, der nicht an den Erfolg glaubt, verkauft 1977 seine Anteile für 800 $. Einen Schritt, den er schon bald bereuen wird, denn kurze Zeit später veröffentlichen Wozniak und Jobs den „Apple II", der sich bis 1985 ungefähr 2 Millionen Mal verkaufen wird. 1983 wird „Lisa" veröffentlicht, der erste Computer mit grafischen Symbolen, Fenstern und Menüs, im Jahr darauf kommt der erste Mac auf den Markt. Allerdings verfliegt die Mac-Euphorie schnell, Apple schreibt erstmals Verluste und Jobs wird dafür verantwortlich gemacht. Letzterer verlässt gekränkt das Unternehmen und gründet „NeXT".

Apple veröffentlicht derweil 1989 den ersten Laptop, der allerdings erst erfolgreich wird, nachdem ihn Sony modifiziert. In den darauffolgenden Jahren versucht sich Apple an Digitalkameras und PDAs - und verzettelt sich. Apple steht Mitte der 90er Jahre vor dem finanziellen Ruin. 1997 erwirbt Apple am wirtschaftlichen Tiefpunkt „NeXT" - Jobs ist zurück und leitet die Wende mit der Werbekampagne „Think different" ein. Bereits im Jahr nach dem NeXT-Kauf stellt Apple den iMac vor, dieser verkauft sich prächtig. Spätestens 2001, mit dem Erscheinen des Betriebssystems „Mac OS X" ist die Krise überwunden.

Noch im selben Jahr revolutionieren Apple und Jobs die Musikindustrie. Mit dem iPod und der dazugehörigen Software

Abb. 1: Steve Jobs

---

[1] STATISTA: „Markenwert der zwanzig wertvollsten Marken im Jahr 2012." (online).
[2] SPIEGEL ONLINE: „Apple ist wertvollstes Unternehmen aller Zeiten." (online).
[3] MAUERER, Jürgen: „Die Geschichte von Apple." (online).

iTunes trifft man den Kern der Zeit. Dank dem iPhone wird ab dem Jahr 2007 der Handymarkt erobert.[4]

Die Veröffentlichung der iPads Anfang 2010 sorgt für weitere Umsatzsteigerungen. Mit dem endgültigen Austritt Jobs aus dem Unternehmen Ende August 2011 (er war bereits im Januar selbigen Jahres aus dem Tagesgeschäft ausgetreten) brachen auch die Aktienwerte ein, stabilisierten sich aber später wieder und stiegen weiter.[5] Jobs verstarb am 5. Oktober 2011 nach langem Krebsleiden.[6]

Nur durch das Analysieren der Geschichte kann einem also bewusst werden, welche Rolle Steve Jobs für den Erfolg des Unternehmens gespielt hat. Er hat das Unternehmen Ende der 1990er Jahre kurz vor der Insolvenz übernommen und innerhalb von 15 Jahren zum wertvollsten Unternehmen der Welt gemacht.[7]

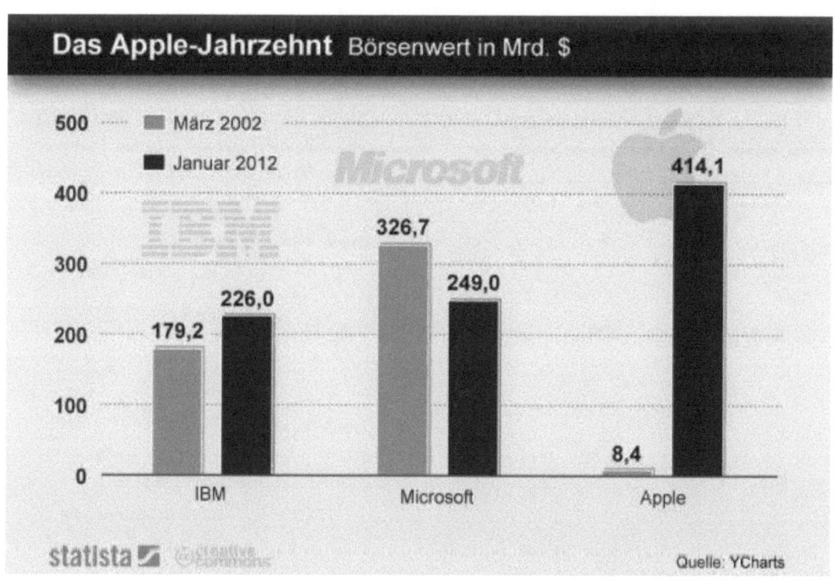

Abb. 2: Börsenwerte von IBM, Microsoft und Appe im März 2002 und Januar 2012.

Letztere Grafik verdeutlicht die Entwicklung des Börsenwertes der drei großen Computerhersteller IBM, Microsoft und Apple. Während IBM seinen Börsenwert in den

---

[4] ASCHOFF, Dirk: „Apple: Geschichte einer Kultmarke." (online).

[5] SEIBERT, Frank: „Vom Start-Up zum Global-Player." (online).
[6] APPLE PRESS INFO „Statement by Apple's Board of Directors." (online).
[7] SPIEGEL ONLINE: „Apple ist wertvollstes Unternehmen aller Zeiten." (online).

letzten 10 Jahren um immerhin 26% steigern konnte, verlor Microsoft ca. 75 Milliarden $ an Börsenwert. Apple dagegen steigerte seinen Börsenwert vor allem durch die Vormachtstellung im MP3-Player-Markt, die Anfang des neuen Jahrtausends erreicht wurde, dem Erschließen neuer Märkte wie des Handymarktes und des Öffnen neuer Märkte wie des Tabletmarktes, von ungefähr achteinhalb auf mehr als 414 Milliarden $!

2 Merkmalanalyse

Die Frage, ob Apple ein Global Player ist, wird im Folgenden anhand verschiedener, typischer Merkmale eines solchen Unternehmens beantwortet:

- **Standorte**
  - *Produktion*

Die Produktionsstandorte Apples sind Hauptgrund für Kritik von außen. Apples Elektronikgeräte werden hauptsächlich in China produziert. Der dortige Hersteller „Foxconn" übernimmt einen großen Teil der Produktion. In diesen Fabriken herrschen teils unmenschliche Bedingungen. Arbeiter werden mit dem Versprechen angelockt, irgendwann ein besseres Leben führen zu können.[8] Des Weiteren werden dort Minderjährige beschäftigt.[9] Bei einem weiteren Zulieferer, „Wintec", wurden beispielsweise im letzten Jahr 137 Arbeiter vergiftet, während sie an Touch-Panels mit gefährlichen Chemikalien, die den Herstellungsprozess beschleunigen sollten, arbeiteten.[10] Apple verweist auf Nachfrage auf seinen Fortschrittbericht 2011 und erklärt, dass Wintec den Betroffenen medizinische Behandlungen, Mahlzeiten sowie Lohnfortzahlungen gezahlt habe.

2010 stürzen sich 13 Arbeiter einer Foxconn-Produktionsstätte in den Tod. Als Reaktion darauf verbessert Foxconn nicht etwa die Bedingungen, sondern spannt Netze, die etwaige Selbstmörder auffangen sollen.[11] Es muss an dieser Stelle aber noch erwähnt werden, dass diese Schuld nicht allein bei Apple liegt - Foxconn beispielsweise produziert unter anderem noch für weitere Global Player wie Sony, Nokia oder HP.[12]

---

[8] FRONTAL 21: „Wie Apple in China produzieren lässt." (YouTube-Video, online).
[9] WIRTSCHAFTSWOCHE: „Foxconn gibt Beschäftigung Minderjähriger zu." (online).
[10] WIRTSCHAFTSWOCHE: „Vergiftete chinesische Arbeiter klagen Apple an." (online).
[11] FRONTAL 21: „Wie Apple in China produzieren lässt." (YouTube-Video, online).
[12] WIRTSCHAFTSWOCHE: „Welche Weltmarken auf Foxconn setzen." (online).

Das Magazin „Frontal 21" stellt eine interessante Rechnung an: Das iPhone 4 wurde für 560$ verkauft, die Bestandteile kosteten Apple 178$. Um trotzdem eine hohe Gewinnmarge erzielen zu können, lässt Apple in China die meisten Produktionsschritte ausführen - das kostete Apple nur 7$ pro produziertem iPhone. Es bleibt eine hohe Gewinnspanne von 375$ pro verkauftem iPhone.[13]

Als Hauptgrund für die Produktion in China soll Ex-Apple-CEO Jobs in einem Gespräch mit US-Präsident Obama die Flexibilität und Geschwindigkeit der chinesischen Arbeiter genannt haben. Als Jobs 2007, einen Monat vor Verkaufsstart des iPhones, bemängelte, das iPhone-Displayglas sei nicht kratzfest, wurde sofort der Hauptproduzent Foxconn benachrichtigt. Innerhalb von einer halben Stunde wurden 8000 Arbeiter mobilisiert, nach nur 4 Tagen betrug die Tagesproduktion schon 10.000 iPhones - „Es gibt keine US-amerikanische Fabrik, die da mithalten kann.", so Jobs.[14]

o ***Verwaltung und Entwicklung***

Einige Produktionsschritte werden allerdings noch im Heimatland Apples, in den USA, ausgeführt. So werden die Produkte in der Apple-Zentrale designt und entwickelt, bevor sie in China hergestellt werden. Außerdem wird der „A6-Prozessor", das Herzstück von iPhone & Co., in Austin, Texas hergestellt.[15]

Auf Apples Produkten wie dem iPad findet man lediglich den Hinweis: „Designed by Apple in California. Assembled in China".

o ***Verkauf***

Auch den Absatz seiner Geräte kontrolliert Apple strikt. Möchte man beispielsweise ein neues iPhone kaufen, ist man auf die offiziellen Vertriebswege (Apple Shop (on-/offline) oder Mobilfunkanbieter, die mit Apple kooperieren) angewiesen. Möchte man (legale) Musik auf seinem Mobiltelefon oder iPad hören, muss man diese über die Apple-Software iTunes auf sein Gerät kopieren. Anwendungen gibt es nur über den hauseigenen AppStore zu erwerben. Diesen wiederum kontrolliert Apple strikt. Diese Einschränkungen muss man in Kauf nehmen, möchte man Besitzer eines Apple-Gerätes sein.

---

[13] FRONTAL 21: „Wie Apple in China produzieren lässt." (YouTube-Video, online).
[14] SAWALL, Achim: „Warum Apple das iPhone in China produziert." (online).
[15] POORNIMA, Gupta: „Exclusive: Made in Texas: Apple's A5 iPhone chip." (online).

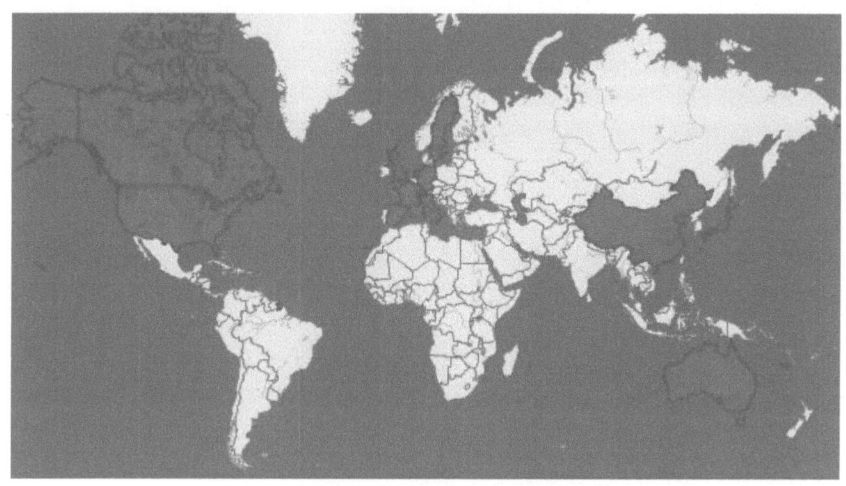

Abb. 3: Länder, in denen Apple offizielle Verkaufspunkte betreibt.

Diese Weltkarte zeigt rot eingefärbt die Länder, in denen Apple offizielle Apple-Stores betreibt. Diese sind, in alphabetischer Reihenfolge:[16]

1) Australien	6) Hongkong	11) Schweiz
2) China	8) Italien	12) Schweden
3) Deutschland	8) Japan	13) Spanien
4) Frankreich	9) Kanada	14) USA
5) Großbritannien	10) Niederlande	

- **Auslandsinvestitionen**

Apple leistet durch die (fast) ausschließliche Produktion in China Entwicklungshilfe und legt eine wirtschaftliche Grundlage für den dortigen wirtschaftlichen Aufholprozess, denn mit größer werdendem Entwicklungsstand investieren auch chinesische Unternehmen im eigenen Land oder nehmen Aufträge von ausländischen Firmen an. Auslandsinvestitionen werden demnach nur durch die Produktion in China geleistet. Dass Apple lieber das Geld beisammen hält, zeigt auch die Summe der Bargeldfonds. Apple hortet seit 2011 mehr Bargeldreserven als die USA,[17] hat aber erst in diesem Jahr, erstmals seit 17 Jahren, eine Dividende ausgeschüttet.[18]

---

[16] APPLE ONLINE: „Apple Store Standorte." (online).
[17] HARTLEY, Matt: „U.S. balance now less than Apple cash." (online).
[18] TAGESSCHAU: „Apple will Dividende zahlen." (online).

Exporte werden durch die Verkäufe in aller Welt getätigt. (siehe Punkt Standorte =>
Verkauf)

- **Hegemonie in der Weltwirtschaft**

Apple hat sich in den letzten Jahren eine Vorherrschaft in vielen Bereichen der globalen
Wirtschaft verschafft. In der Tabletindustrie sind sie Marktführer seit Einführung des
iPads 2010, auch wenn diese Vorrangstellung in den letzten Monaten durch die Samsung-
Tablets, die das Android-Betriebssystem benutzen, bedroht wird.[19]

Apple nutzt diese Vorherrschaft teilweise gnadenlos aus. Die Betriebssysteme der Apple-
Produkte sind zum Beispiel alles andere als offen. Apple stellt die Bedingungen, dies muss
der Käufer sich bewusst sein. „Wer ein Apple-Produkt kauft, wird automatisch Teil eines
eingezäunten Wirtschaftssystems, in dem einzig Apple die Regeln bestimmt.“[20], so
beschreibt es die nordrhein-westfälische Landesanstalt für Medien. So hat Apple erst
kürzlich die Preise der Anwendungen für iPhone, iPad und Co. um ca. 10 % erhöht, ohne
vorher die Hersteller oder Anwender darüber zu informieren.[21] Weitere Beispiele:
Möchte man ein neues iPhone kaufen, ist man auf die offiziellen Vertriebswege (Apple
Shop oder Mobilfunkanbieter, die mit Apple kooperieren) angewiesen. Möchte man
(legale) Musik auf seinem Mobiltelefon oder iPad hören, muss man diese über die Apple-
Software iTunes auf sein Gerät kopieren. Anwendungen gibt es nur über den hauseigenen
AppStore zu erwerben. Diesen wiederum kontrolliert Apple strikt. Diese Einschränkungen
muss man in Kauf nehmen, möchte man Besitzer eines Apple-Gerätes sein.

Um diese Hegemonie zu stärken, veröffentlicht Apple alle ein bis 2 Jahre ein Upgrade
seiner Geräte. So gab es seit 2007 fünf verschiedene iPhone-Generationen, die 4.
Generation des iPads wurde kürzlich vorgestellt.

- **Joint Ventures und Partnerschaften**

Apple ist Partnerschaften grundsätzlich wohlgesonnen, erst vor kurzem äußerte sich
Geschäftsführer Tim Cook, dass er eine Zusammenarbeit mit Facebook begrüßen würde.[22]

---

[19] BRANDT, Mathias: „Android stellt iPad-Vorherrschaft in Frage.“ (online).
[20] LANDESANSTALT FÜR MEDIEN NORDRHEIN-WESTFALEN: „Deutschland surft amerikanisch…“ (online).
[21] HANDELSBLATT: „Apple erhöht die App-Preise.“ (online).
[22] ONG, Josh: „Tim Cook hints at closer cooperation between Apple, Facebook.“ (online).

Zu den wichtigsten Partnerschaften zählen solche, die Mobilfunkanbietern wie at&t das Verkaufsrecht für das iPhone ermöglichen, natürlich die Partnerschaft mit den chinesischen Produzenten Foxconn und Wintec sowie die Partnerschaft mit Intel, die die Prozessoren für die Mac-PCs herstellen. Eine weitere Zusammenarbeit, nämlich die mit Samsung, wurde in den letzten Monaten stark vermindert. Durch einen Patentstreit liegen beide Parteien im Clinch, eine endgültige gerichtliche Entscheidung liegt noch nicht vor.[23]

Außerdem bietet Apple Unternehmen und Privatpersonen die Möglichkeit, Apple-Partner zu werden, indem man die Produkte von Apple vermarktet. Apple schüttet dann, bei Erfolg, Provisionen an die Werbenden aus.[24]

- **Übernahmen**

Apple zählte nie zu den großen Unternehmen, die oft und zahlreich Firmen übernahmen, obwohl das amerikanische Unternehmen auf riesigen Bargeldreserven sitzt. Trotzdem hat Apple innerhalb der Jahre einige interessante Firmenübernahmen durchgeführt. Die bedeutendste darunter: Die Übernahme von NeXT 1996, denn die Software von NeXT wurde Grundlage zur Entwicklung von Mac OS X, dem Betriebssystem der Macintosh-PCs. Des Weiteren legte dieser Deal den Grundstein zur Rückkehr Jobs zu Apple.[25] Weitere interessante Übernahmen waren die von FingerWorks 2005, die den Grundstein für die Entwicklung des iPhone- und iPad-Touchscreens legte,[26] sowie die Übernahme von Siri in 2010. Diese Sprachsteuerung ist heute auf jedem Apple-Gerät zu finden.[27]

Fazit: Apple kann sicherlich als Global Player bezeichnet werden. Das Unternehmen agiert global und zielgerichtet, erschließt ständig neue Märkte. Apple nutzt seine Position als wertvollstes Unternehmen der Welt zum weiteren Wachstum und Erschließen neuer Märkte aus und verfolgt die Firmenphilosophie konsequent weiter.

[23] SPIEGEL ONLINE: „Samsung liefert Apple keine Bildschirme mehr." (online).
[24] APPLE ONLINE: „Als Anbieter von Inhalten Partner werden." (online).
[25] GUGLIELMO, Connie: „Apple Acquisitions are few but notable." (online).
[26] FLEIT, Brittany: „Apple buys everything : Cupertino's 5 best acquisitions." (online).
[27] DUVANDER, Adam: „Apple buys Siri : Largest Mashup Acquisition Ever." (online).

Spätestens mit der Veröffentlichung des iMac im Jahr 1998 und der Werbekampagne „Think different", besonders aber mit dem Durchbruch des iPods 2003 wurde Apple zum Global Player. Das Unternehmen dachte global, man schuf Produkte und eine Marke für die ganze Welt. Design und Innovation veranlassten Menschen auf der ganzen Welt, vor den Verkaufsstellen Schlange zu stehen um zu den Begünstigten zu gehören, die ein Apple-Produkt besitzen. Das iPhone wurde beispielsweise bis Ende des 2. Quartals 2012 (alle Versionen) allein in den USA unglaubliche 86 Millionen Mal verkauft. Demnach besitzt durchschnittlich jeder dritte bis vierte US-Bürger ein iPhone.

Der Preispolitik, der sich ein Global Player aussetzen muss, hatte sich Apple lange verschlossen. Mit der Ankündigung eines iPads mini gab man allerdings ein wenig dieser Preisdrückung nach - diese kleine Version eines iPads kann man bereits ab 329€ erwerben[28], während der große Bruder, das iPad, erst ab 499€ erworben werden kann.[29] Apple kann also nicht als definitorischer Idealfall eines Global Player bezeichnet werden. Die Produktion der Produkte ist größtenteils auf China beschränkt, Apple hat also nicht in jedem Verkaufsland auch einen Produktionsstützpunkt, sondern nutzt seine Stellung als Global Player, um möglichst billig produzieren und so eine hohe Gewinnspanne erzielen zu können. Trotzdem vertritt Apple die meisten, typischen Merkmale eines global agierenden Unternehmens und könnte allein wegen seines Börsenwertes als Global Player bezeichnet werden - Steve Jobs sei Dank.

---

[28] DEMGEN, Annika: „iPad mini: Apple bringt das 7,9-Zoll-Tablet." (online).
[29] APPLE ONLINE: „Apple Store." (online).

Literaturverzeichnis

APPLE ONLINE: „Als Anbieter von Inhalten Partner werden." URL:
http://www.apple.com/de/itunes/content-providers/ [31.10.2012].

APPLE ONLINE: „Apple Store." URL:
http://store.apple.com/de/browse/home/shop_ipad [31.10.2012].

APPLE Online: „Apple Store Standorte." URL:
http://www.apple.com/de/retail/storelist/ [31.10.2012].

APPLE PRESS INFO : „Statement by Apple's Board of Directors." URL:
http://www.apple.com/pr/library/2011/10/05Statement-by-Apples-Board-of-
Directors.html [31.10.2012].

ASCHOFF, Dirk: „Apple: Geschichte einer Kultmarke." URL:
http://www.focus.de/digital/computer/apple_aid_230361.html [31.10.2012].

BRANDT, Mathias: „Android stellt iPad-Vorherrschaft in Frage." URL:
http://img2.statista.com/uploaded/infografik/normal/infografik_681_Marktanteile_Table
t_Betriebssysteme_weltweit_n.jpg [31.10.2012].

DEMGEN, Annika: „iPad mini: Apple bringt das 7,9-Zoll-Tablet." URL:
http://www.netzwelt.de/news/94108-ipad-mini-apple-bringt-7-9-zoll-tablet.html
[31.10.2012].

DUVANDER, Adam: „Apple buys Siri : Largest Mashup Acquisition Ever." URL:
http://blog.programmableweb.com/2010/04/28/apple-buys-siri-largest-mashup-
acquisition-ever/ [31.10.2012].

FLEIT, Brittany: „Apple buys everything : Cupertino's 5 best acquisitions." URL:
http://www.maclife.com/article/features/apple_buys_everything_cupertinos_5_best_ac
quisitions [31.10.2012].

FRONTAL 21: „Wie Apple in China produzieren lässt." URL:
http://www.youtube.com/watch?v=T8M6XCwlj7s [31.10.2012].

GUGLIELMO, Connie: „Apple Acquisitions are few but notable." URL:
http://www.forbes.com/sites/connieguglielmo/2012/10/04/apple-acquisitions-are-few-
but-notable/ [31.10.2012].

HANDELSBLATT: „Apple erhöht die App-Preise." URL:
http://www.handelsblatt.com/unternehmen/it-medien/ohne-ankuendigung-apple-
erhoeht-die-app-preise/7307368.html [31.10.2012].

HARTLEY, Matt: „U.S. balance now less than Apple cash." URL:
http://business.financialpost.com/2011/07/28/u-s-balance-now-less-than-apple-cash/
[31.10.2012].

LANDESANSTALT FÜR MEDIEN NORDRHEIN-WESTFALEN: „Deutschland surft amerikanisch…" URL: http://www.lfm-nrw.de/?id=3151 [31.10.2012].

MAUERER, Jürgen: „Die Geschichte von Apple." URL: http://www.computerwoche.de/management/it-services/2513314/index4.html [31.10.2012].

ONG, Josh: „Tim Cook hints at closer cooperation between Apple, Facebook." URL: http://appleinsider.com/articles/12/05/29/tim_cook_hints_at_closer_cooperation_betw een_apple_facebook [31.10.2012].

POORNIMA, Gupta: „Exclusive: Made in Texas: Apple's A5 iPhone chip." URL: http://www.reuters.com/article/2011/12/16/us-apple-samsung-idUSTRE7BF0D420111216 [31.10.2012].

SAWALL, Achim: „Warum Apple das iPhone in China produziert." URL: http://www.golem.de/1201/89254.html [31.10.2012].

SEIBERT, Frank: „Vom Start-Up zum Global-Player." (online). URL: http://www.taz.de/!76906/ [31.10.2012].

SPIEGEL ONLINE: „Apple ist wertvollstes Unternehmen aller Zeiten." URL: http://www.spiegel.de/wirtschaft/unternehmen/apple-ist-wertvollstes-unternehmen-aller-zeiten-a-851083.html [31.10.2012].

SPIEGEL ONLINE: „Samsung liefert Apple keine Bildschirme mehr." URL: http://www.spiegel.de/wirtschaft/unternehmen/samsung-liefert-apple-laut-zeitungsbericht-keine-bildschirme-mehr-a-862744.html [31.10.2012].

STATISTA: „Markenwert der zwanzig wertvollsten Marken im Jahr 2012." URL: http://de.statista.com/statistik/daten/studie/6003/umfrage/die-wertvollsten-marken-weltweit/ [31.10.2012].

TAGESSCHAU: „Apple will Dividende zahlen." URL: http://www.tagesschau.de/wirtschaft/apple208.html [31.10.2012].

WIRTSCHAFTSWOCHE: „Foxconn gibt Beschäftigung Minderjähriger zu." URL: http://www.wiwo.de/unternehmen/it/apple-zulieferer-foxconn-gibt-beschaeftigung-minderjaehriger-zu/7264614.html [31.10.2012].

WIRTSCHAFTSWOCHE: „Vergiftete chinesische Arbeiter klagen Apple an." URL: http://www.wiwo.de/technologie/gadgets/wintec-vergiftete-chinesische-arbeiter-klagen-apple-an-/5246096.html [31.10.2012].

WIRTSCHAFTSWOCHE: „Welche Weltmarken auf Foxconn setzen." URL: http://www.wiwo.de/bilder/nachrichten-und-meinung-welche-weltmarken-auf-foxconn-setzen/4637744.html#image [31.10.2012].

Bildverzeichnis

Abb. 1: http://cdn-static.cnet.co.uk/i/c/blg/cat/steve-jobs.jpg
Abb. 2: http://www.mobiflip.de/das-apple-jahrzehnt/
Abb. 3: eigens erstellte Landkarte auf www.stepmap.de